Roghaye Rajabi
Maryam Valiloo
Parisa Moradi

Tecnologia do ponto de vista dos professores

Roghaye Rajabi
Maryam Valiloo
Parisa Moradi

Tecnologia do ponto de vista dos professores

ScienciaScripts

Imprint
Any brand names and product names mentioned in this book are subject to trademark, brand or patent protection and are trademarks or registered trademarks of their respective holders. The use of brand names, product names, common names, trade names, product descriptions etc. even without a particular marking in this work is in no way to be construed to mean that such names may be regarded as unrestricted in respect of trademark and brand protection legislation and could thus be used by anyone.

Cover image: www.ingimage.com

This book is a translation from the original published under ISBN 978-613-9-86137-8.

Publisher:
Sciencia Scripts
is a trademark of
Dodo Books Indian Ocean Ltd. and OmniScriptum S.R.L publishing group

120 High Road, East Finchley, London, N2 9ED, United Kingdom
Str. Armeneasca 28/1, office 1, Chisinau MD-2012, Republic of Moldova, Europe
Printed at: see last page
ISBN: 978-620-5-64687-8

Copyright © Roghaye Rajabi, Maryam Valiloo, Parisa Moradi
Copyright © 2023 Dodo Books Indian Ocean Ltd. and OmniScriptum S.R.L publishing group

Abstrato

O objectivo deste estudo era examinar as atitudes dos professores em relação à tecnologia nas suas salas de aula. Este estudo centrou-se em iPads, tablets, smartphones e Apple TVs. As perguntas do inquérito foram concebidas para investigar o nível de conforto dos professores na utilização desta tecnologia, e para determinar as atitudes dos professores em relação ao uso desta tecnologia nas suas salas de aula. A maioria dos educadores relatou que a tecnologia estava actualizada. Em seguida, cinquenta por cento dos educadores sentiram que não lhes foi dada formação adequada antes da implementação da tecnologia nas salas de aula. Por conseguinte, continuar a proporcionar formação adequada aos educadores é muito importante.

Palavras-chave: professores, atitudes, tecnologia, salas de aula

ÍNDICE:

CAPÍTULO 1

Introdução

A tecnologia é importante para os estudantes porque pode ter um impacto na forma como aprendem. Lam and Tong (2012), relatam que os dispositivos tecnológicos, tais como comprimidos e smartphones, são hoje em dia itens comuns na educação. Embora existam numerosos tipos de tecnologia, este estudo irá concentrar-se nos iPads tablets, smartphones, e Apple TVs. O objectivo do presente estudo será investigar se a colocação de iPads, tablets, smartphones, e Apple TVs tem impacto na aprendizagem dos estudantes, no nível de conforto dos professores com a utilização desta tecnologia, e determinar as atitudes dos professores em relação à utilização desta tecnologia nas suas salas de aula.

Declaração do problema

A utilização da tecnologia em contextos educativos continua a aumentar. As tecnologias de informação e comunicação foram introduzidas em muitas escolas e países com o objectivo de aumentar a aprendizagem dos estudantes e mudar a forma como os estudantes aprendem (Gu, Guo, & Zhu, 2013). Um estudo de Chang F, Chang Y, e Yeh (2011), concluiu que a integração da tecnologia da informação no ensino em sala de aula cria uma forma mais interessante de envolver os estudantes na aprendizagem e aumenta a eficácia dos professores.

O uso da tecnologia na educação tem vantagens para a aprendizagem dos estudantes. Faulkner, Oakley, e Pegram (2013), completaram um estudo sobre a adopção.de tecnologias portáteis móveis em 10 escolas da Austrália Ocidental e descobriram que das 10 escolas que participaram no estudo, os iPads foram as mais utilizadas, seguidas pelo iPod Touches, e iPhones. Os autores relataram que a motivação e o envolvimento dos estudantes foram os principais benefícios dos dispositivos portáteis móveis, tal como recolhidos a partir das entrevistas com o pessoal. De acordo com os autores, educadores de duas das 10 escolas que participaram no estudo relataram que houve um aumento na aprendizagem dos estudantes.

A falta de formação, facilidade de utilização, fiabilidade e assistência técnica inadequada são preocupações relatadas pelos educadores em relação à tecnologia. Adiquzel, Capraro, e Wilson (2011), relatam que os educadores expressaram que era importante que os dispositivos tecnológicos fossem fáceis de utilizar e de confiança. Wilson e Wright (2011), discutem que os educadores manifestaram que não tinham tempo suficiente para se familiarizarem com a tecnologia. De acordo com os autores, as barreiras que mais foram relatadas no estudo foram os equipamentos e os conflitos de horários.

Finalidade do Estudo

O objectivo do estudo actual será investigar se a colocação de iPads, tablets, smartphones e Apple TVs tem impacto na aprendizagem dos alunos, no nível de conforto dos professores com a utilização desta tecnologia, e determinar as atitudes dos professores em relação ao uso desta tecnologia nas suas salas de aula. Os participantes neste estudo serão educadores de uma escola média. Neste estudo, um inquérito será o método utilizado para recolher os dados. O inquérito consistirá em perguntas que utilizem a Escala Likert com 4) concordo fortemente, 3) concordo um pouco, 2) discordo um pouco, e 1) discordo fortemente.

Raciocínio para o Estudo

A utilização da tecnologia em contextos educativos tem vantagens que podem ter impacto na aprendizagem dos alunos. Lam and Tong (2012), declaram que os comprimidos e os smartphones proporcionam uma comunicação mais rápida entre os estudantes e os seus instrutores. Faulkner, Oakley, e Pegram (2013), relatam que um estudo sobre a adopção de tecnologias portáteis móveis foi concluído em 10 escolas da Austrália Ocidental, e constatam que a motivação e o envolvimento dos estudantes foram os principais benefícios relatados nas entrevistas com o pessoal. A integração da tecnologia em ambientes educacionais é importante porque pode promover um ambiente que tem o potencial de aumentar a aprendizagem dos estudantes.

Pergunta de investigação

O objectivo do estudo actual será investigar se a colocação de iPads, tablets, smartphones e Apple TVs tem impacto na aprendizagem dos alunos, no nível de conforto dos professores com a utilização desta tecnologia, e determinar as atitudes dos professores em relação ao uso desta tecnologia nas suas salas de aula. Através da investigação, será investigada a seguinte questão: Quais são as atitudes dos professores em relação à utilização desta tecnologia nas suas salas de aula?

CAPÍTULO 2

Revisão de Literatura Relacionada

A tecnologia é importante para os estudantes porque pode ter um impacto na forma como aprendem. A utilização da tecnologia em contextos educativos continua a aumentar. A tecnologia da informação e comunicação foi introduzida em muitas escolas e países com o objectivo de aumentar a aprendizagem dos estudantes e mudar a forma como os estudantes aprendem (Gu, Guo, & Zhu, 2013). Um estudo de Lam e Tong (2012), descobriu que os dispositivos tecnológicos, tais como comprimidos e smartphones, são hoje em dia itens comuns na educação. Além disso, a tecnologia desempenha um papel com os educadores no seu nível de conforto, utilizando a tecnologia e as suas atitudes em relação à tecnologia na sala de aula. Embora existam numerosos tipos de tecnologia, este estudo centrar-se-á em iPads, tablets, smartphones, e Apple TVs. O objectivo do presente estudo será investigar se a colocação de iPads, tablets, smartphones, e Apple TVs tem impacto na aprendizagem dos alunos, no nível de conforto dos professores com a utilização desta tecnologia, e dissuadir as atitudes dos professores em relação ao uso desta tecnologia nas suas salas de aula.

Impacto na aprendizagem dos estudantes

A tecnologia na educação tem vantagens para a aprendizagem dos estudantes. Segundo Lam e Tong (2012), os dispositivos móveis, tais como comprimidos e smartphones, permitem uma comunicação mais rápida e melhor entre os estudantes e os seus instrutores. Faulkner, Oakley, e Pegrum (2013), completaram um estudo sobre a adopção de tecnologias portáteis móveis em 10 escolas da Austrália Ocidental e descobriram que os iPads eram os mais utilizados, seguidos dos iPod touch, e iPhones. Os autores relataram que a motivação e o envolvimento dos estudantes foram os principais benefícios dos dispositivos portáteis móveis, tal como recolhidos a partir das entrevistas com o pessoal.

Uma análise feita pela Huseyin (2014), mostrou que os resultados do estudo relataram que os comprimidos têm vantagens para os professores. Segundo o autor, uma característica do comprimido é uma caneta que pode ser usada para escrever no ecrã, e depois a escrita pode ser facilmente apagada do ecrã. De acordo com Huseyin (2014), os educadores relataram informação positiva sobre os comprimidos. O autor indicou que os educadores relatam que o comprimido pode criar uma experiência mais agradável para os estudantes na aula de matemática, permitindo aos estudantes produzir visuais e animações. Segundo Cuhadar

(2014), os educadores relatam que os comprimidos são benéficos devido à sua acessibilidade à Internet sem fios e usos multimédia. O autor também relatou outros benefícios, tais como o peso leve, a portabilidade e a facilidade de utilização das pastilhas.

Foi encontrada uma maior motivação em estudos relativos ao uso da tecnologia. Outras informações apoiam o interesse dos professores pela tecnologia. Um estudo de Ayas, Cakir, Ergun, Pamuk, e Yilmaz (2013), relatou resultados de que os professores sentem que a tecnologia é benéfica para a aprendizagem dos estudantes. A análise de Chang F, Chang Y, e Yeh (2011), descobriu que a introdução da tecnologia nas salas de aula cria uma forma mais interessante de envolver os estudantes na aprendizagem. De acordo com Chang et al., (2011), alguns dos educadores do estudo relataram um aumento na eficácia da comunicação da lição e no aumento da motivação dos estudantes.

O iPad é um dispositivo que também está a ser utilizado nas escolas. Um estudo de Faulkner, Oakley, e Pegrum (2013), relata um projecto na Austrália que consistia na distribuição de mais de 700 iPads para instalações educacionais. De acordo com os autores, os investigadores constataram que houve uma melhoria na aprendizagem dos estudantes e que os educadores relataram que os iPads eram fáceis de utilizar pelos estudantes.

Alunos com necessidades especiais

Os estudantes com necessidades especiais também podem beneficiar da utilização dos iPads. Os estudantes com deficiências tais como dislexia ou deficiências visuais podem utilizar as características do iPad para redimensionar o texto ou para utilizar as aplicações texto-fala (Faulkner, et al., 2013).

Distracção para a aprendizagem dos estudantes

Há uma preocupação de que a tecnologia distraia os estudantes. Um estudo de Lam and Tong (2012), relatou que tem sido dada muita atenção às vantagens e desvantagens dos dispositivos tecnológicos nas salas de aula. Lam e Tong (2012), relatou que certos dispositivos tecnológicos, tais como comprimidos, foram encontrados para distrair os estudantes da aprendizagem e de prestar atenção. Segundo os autores, descobriu-se que alguns estudantes utilizavam o comprimido para ler e-mails, para enviar e-mails e para jogar jogos durante as aulas. Ayas, Cakir, Ergun, Pamuk, e Yilmas (2013), relatam que os estudantes foram observados a utilizar a tábua durante a aula para coisas não relacionadas com a aula, tais como, instalar jogos e outras aplicações na tábua.

Atitudes dos professores em relação à tecnologia

Embora haja informação que indica que os educadores apoiam a tecnologia, há também informação que mostra aspectos negativos relatados pelos educadores. Alguns destes aspectos negativos são a falta de formação, facilidade de utilização, fiabilidade, e assistência técnica inadequada. Adiguzel, Capraro, e Wilson (2011), relatam que os educadores transmitiram no estudo que era importante que a tecnologia fosse fácil de utilizar e de confiança. Kumar e Vigil (2011), relatam que os professores sentem que é necessário haver mais aulas sobre tecnologia nos programas de graduação de professores. Segundo os autores, isto irá preparar melhor os educadores para utilizarem a tecnologia na sua própria turma. (Wilson & Wright, 2011; Pritchett, Christa, Pritchett, Christo, & Wohleb, 2013), descobriram que os educadores relataram não ter tempo suficiente para se familiarizarem com a tecnologia. De acordo com os autores, as barreiras que mais foram relatadas no estudo foram os conflitos de equipamento e de horários.

Formação de Professores de Prestação de Serviços

Kajs, Mayo, e Tanguma (2005), relatam que houve um aumento no movimento de reforma da educação para fornecer programas que irão preparar os professores sobre como implementar as competências tecnológicas na sala de aula. Um estudo de An e Reigeluth (2011), relatou a percepção dos professores do K-12 sobre a criação de salas de aula centradas na tecnologia. Os autores discutiram as barreiras que afectam a implementação de salas de aula melhoradas e centradas no aluno. Algumas das barreiras relatadas pelos participantes no estudo foram a falta de tecnologia e a falta de tempo. Estes dois factores foram relatados por 57% dos participantes no estudo. De acordo com An e Reigeluth (2011), 35% dos participantes relataram que lhes faltavam conhecimentos para saber como integrar a tecnologia no ensino centrado no aluno.

Os programas de desenvolvimento profissional foram discutidos por An e Reigeluth (2011). No estudo, 70% dos participantes relataram ter adquirido conhecimentos tecnológicos a partir dos programas de desenvolvimento profissional. Alguns participantes do estudo relataram que os programas de desenvolvimento profissional eram demasiado amplos e não estavam especificamente relacionados com um tema de conteúdo. Outros participantes relataram a necessidade de haver mais exemplos nestes programas quando da formação de educadores. Falta de tempo e demasiada informação na formação de programas profissionais foram preocupações relatadas pelos participantes (An. & Reigeluth, 2011). Os participantes no estudo relataram que não tinham tempo suficiente para processar as grandes quantidades de informação que lhes eram apresentadas nos programas. Os educadores precisam de tempo suficiente para aprenderem sobre tecnologia relacionada especificamente com o seu assunto. Os programas de desenvolvimento profissional devem esforçar-se por responder às necessidades do educador. A formação tecnológica adequada é importante na criação de salas de aula centradas na tecnologia.

Declaração temática

Dispositivos tecnológicos como iPads, tablets, smartphones, e Apple TVs estão a tornar-se mais populares nos ambientes educativos. Há muitas vantagens em integrar a tecnologia nas salas de aula. O objectivo do estudo actual é investigar o impacto que os iPads, tablets, smartphones e Apple TVs têm na aprendizagem dos alunos, no nível de conforto dos professores com a utilização desta tecnologia, e nas atitudes dos professores em relação a esta tecnologia nas suas salas de aula.

CAPÍTULO 3

Procedimentos e métodos

Como indicado no capítulo anterior, a tecnologia é importante para os educadores no seu nível de conforto no uso da tecnologia e nas suas atitudes em relação ao uso da tecnologia nas suas salas de aula. Embora existam numerosos tipos de tecnologia, este estudo centrar-se-á em iPads, tablets, smartphones, e Apple TVs. O objectivo deste estudo será investigar se a colocação de iPads, tablets, smartphones, e Apple TVs tem impacto na aprendizagem dos alunos, no nível de conforto dos professores com a utilização desta tecnologia, e determinar as atitudes dos professores relativamente à utilização desta tecnologia nas suas salas de aula.

Este estudo será concebido sob a forma de inquérito anónimo. Os inquéritos serão entregues a todos os professores de educação geral e especial de uma escola média rural no sul da Virgínia Ocidental. Através da pesquisa, será investigada a seguinte questão: Quais são as atitudes dos professores em relação à utilização da tecnologia nas suas salas de aula?

Participantes e cenário

Os participantes neste estudo serão todos os professores de uma escola secundária. A sua experiência de ensino variará pelo seu número de anos de ensino e pela educação geral versus educação especial. O co-investigador contactará o director da escola e obterá autorização para completar o estudo por meio de um inquérito anónimo. Os inquéritos recolhidos serão revistos e os dados analisados para determinar as atitudes dos professores em relação ao uso da tecnologia nas suas salas de aula.

Materiais

Os materiais para este estudo serão um inquérito em papel/pencil anónimo criado pelo co-investigador. O inquérito terá as seguintes secções: A primeira secção determinará a informação demográfica; a segunda secção determinará os tipos de tecnologia que estão a ser utilizados nas salas de aula. A terceira secção avaliará o nível de conforto dos professores no uso da tecnologia, e também as atitudes dos professores em relação ao uso da tecnologia nas suas salas de aula. A quarta secção contém perguntas de resposta livre. Um inquérito completo será incluído no relatório final.

Procedimentos

O inquérito em papel/pencil será colocado na caixa de correio de cada professor, juntamente com um envelope de manila. A folha de rosto explicará instruções sobre como completar o inquérito e para onde o devolver. O inquérito devolvido será colocado no envelope de manila e selado e devolvido a um local designado na escola. O co-investigador fará uma chamada de acompanhamento ao director se uma baixa percentagem de inquéritos tiver sido recolhida.

Os dados recolhidos do inquérito serão avaliados e os resultados registados. A primeira secção do inquérito irá recolher informações demográficas. A segunda secção recolherá informação sobre os tipos de tecnologia que estão a ser utilizados nas salas de aula. A terceira secção recolherá informação sobre o nível de conforto dos professores que utilizam tecnologia, e as atitudes dos professores em relação ao uso da tecnologia nas suas salas de aula. A quarta secção irá recolher informação sobre respostas gratuitas. Uma Escala Likert de 4 pontos será utilizada para classificar o nível de conforto dos educadores que utilizam tecnologia e as suas atitudes em relação a esta tecnologia nas suas salas de aula.

CAPÍTULO 4
Resultados

O objectivo deste estudo era examinar as atitudes dos professores em relação à tecnologia nas suas salas de aula. As perguntas do inquérito foram concebidas para ganhar a percepção dos educadores sobre o seguinte: iPads, tablets, smartphones, e Apple TVs, para investigar o nível de conforto dos professores com a utilização desta tecnologia, e para determinar as atitudes dos professores em relação à utilização desta tecnologia nas suas salas de aula.

A secção 1 do inquérito forneceu informações demográficas. Um total de dez educadores devolveram os seus inquéritos, fornecendo uma taxa de retorno de 7%. Destes participantes a maioria, 7% servem em salas de aula de educação geral e 2% no ensino especial.

Dos participantes, oito eram do sexo feminino e dois do sexo masculino. A experiência de ensino dos participantes variou de 1-5 anos a mais de 25 anos. As perguntas da escala Likert classificaram a medida em que um participante concordou ou discordou com uma determinada pergunta ou declaração, de um por discordar fortemente a quatro por concordar fortemente.

A secção 2 do inquérito concentrou-se nos tipos de tecnologia que os participantes estavam a utilizar nas suas salas de aula. Assim, os participantes reportaram a utilização da seguinte tecnologia: A maioria, 7% relatou utilizar iPads, 8% Apple TVs, e 8% o MacBook Pro. Além disso, alguns participantes reportaram ter utilizado uma câmara de documentos e um projector. A tabela 4.1 mostra os tipos de utilização de tecnologia pelos professores nas suas salas de aula.

A secção 3 do inquérito concentrou-se no modo como os participantes se sentiam sobre a tecnologia nas suas salas de aula. Quando se perguntou aos participantes se sentiam que a tecnologia estava actualizada 7% (7 de 10) concordaram. Três por cento (3 de 10) concordaram fortemente. Quanto a saber se os participantes sentiram que receberam formação adequada para utilizar a tecnologia, 4% (4 de 10) concordaram e 1% (1 de 10) concordaram fortemente. Quatro por cento (4 de 10) discordaram e 1% (1 de 10) discordaram fortemente.

Em seguida, quando se perguntou aos participantes se sentiam que a tecnologia podia ser adaptada para satisfazer as necessidades dos estudantes, 8% (8 de 10) concordaram. Dois por cento (2 de 10) discordaram. Quanto a saber se os participantes achavam que a tecnologia era utilizada por todos os professores, 8% (8 de 10) discordaram, 1% (1 de 10) discordaram fortemente, e 1% (1 de 10) concordaram.

Além disso, quando foi perguntado aos participantes se sentiam que a tecnologia disponível para os estudantes os distraía, 5% (5 de 10) concordaram, 2% (2 de 10) concordaram fortemente, e 3% (3 de 10) discordaram. Quanto a saber se os participantes sentiram que o benefício da tecnologia estudantil supera a distracção, 6% (6 de 10) concordaram, 3% (3 de 10) discordaram, e 1% (1 de 10) discordaram fortemente. A tabela 4.2 mostra os resultados do que os educadores sentem sobre a tecnologia nas suas salas de aula.

A secção 4 obteve informações a partir de perguntas de resposta livre. Quando se perguntou aos participantes se sentiam que a tecnologia disponível tinha um impacto positivo na aprendizagem dos estudantes, 7% (7 de 10) responderam que sim, e 3% (3 de 10) responderam que não.

Quanto a saber se os participantes sentiram que a tecnologia disponível para os estudantes aumenta a sua aprendizagem, 4% (4 de 10) reportaram sim, e 6% (6 de 10) reportaram não. Além disso, quando foi pedido aos participantes que elaborassem estas respostas, 8% (8 de 10) responderam e 2% não responderam.

Além disso, as respostas consistiram no seguinte: alguns participantes reportaram que não havia formação suficiente para educadores, outros participantes reportaram que se a tecnologia funcionasse correctamente seria uma vantagem para os estudantes, alguns participantes reportaram que a tecnologia não aumenta a aprendizagem dos estudantes e que alguns estudantes se distraem com ela. Em contraste, alguns participantes reportaram que sentem que a tecnologia melhora a aprendizagem dos estudantes, e que mais informação pode ser acedida sobre muitos tópicos. A tabela 4.3 mostra perguntas de resposta livre respondidas por educadores.

Por último, quando os participantes foram convidados a fornecer quaisquer comentários adicionais sobre este tópico, 5% (5 de 10) responderam. Assim, as respostas consistiram no seguinte: alguns participantes relataram que a tecnologia pode fazer grandes coisas e que quanto mais os educadores aprendem a utilizar a tecnologia, mais os estudantes podem aprender. Em contraste, outros participantes relataram que a nova tecnologia deve ser dada primeiro aos educadores, juntamente com a formação, antes de os estudantes receberem a tecnologia. Além disso, alguns participantes relataram que os iPads podem distrair alguns estudantes e que falhas na implementação inicial resultaram em perda de tempo.

Quadro 4.1 Tipos de tecnologia utilizados nas salas de aula

Technology	Respondents	IPads		Tablets		Apple TV		Smart phones		MacBook Pro		Document Cam		Projector	
	N	n	%	n	%	n	%	n	%	n	%	n	%	n	%
Q4 IPads	10	10	1												
Q5 Tablets	0														
Q6 Apple TV	8					8	1								
Q7 Smart Phones	1							1	1						
Q8 MacBook Pro	8									8	8				
Q9 other	2											1	0.5	1	0.5

* as **percentagens não vão para cem devido a erro de arredondamento**

Table 4.2 Teachers' Attitudes Toward Technology									
Technology	Respondents	Strongly Agree		Agree		Disagree		Strongly Disagree	
	(N)	n	%	n	%	n	%	n	%
Q10 The technology is up to date	10	3	3	7	7				
Q11 I have received adequate training to use the technology	10	1	1	4	4	4	4	1	1
Q 12 The technology can be adapted to meet student needs	10			8	8	2	2		
Q13 Do you feel the technology is used by all teachers	10	1	1	1	1	8	8		
Q14 The technology available to students distracts them	10	2	2	5	5	3	3		
Q15 The benefit of student technology outweighs the distraction	10			6	6	3	3	1	1

***percentos não vão para cem devido a erros de arredondamento**

Table 4.3 Free Response Questions					
Technology	**Respondents**	**Yes**		**No**	
	N	n	%	n	%
Q16 Do you feel the technology available to you is positively impacting student learning	**10**	**7**	**7**	**3**	**3**
Q17 Do you feel the technology available to students is increasing their learning	**10**	**4**	**4%**	**6**	**6%**
Q18 Write a brief statement explaining why you feel as you do about number 16 and 17	**8**				
Q19 Please make any additional comments you have about this topic	**5**				

***'Percentagens não vão para uma centena devido a erros de arredondamento**

CAPÍTULO 5

Discussão

Este estudo foi concebido para obter percepções dos educadores de uma escola média no condado de Raleigh sobre a tecnologia nas suas salas de aula. Os resultados de um inquérito distribuído aos educadores do Condado de Raleigh são aqui discutidos com as limitações do estudo e outras sugestões de investigação. Esta informação foi recolhida para determinar o que os educadores sentem sobre a tecnologia nas suas salas de aula. As perguntas do inquérito foram concebidas para ganhar a percepção dos educadores sobre a seguinte tecnologia: iPads, tablets, smartphones, e Apple TVs, para investigar o nível de conforto dos professores com a utilização desta tecnologia, e para determinar as atitudes dos professores em relação à utilização desta tecnologia nas suas salas de aula.

Interpretação e Implicações dos Resultados

Os educadores deste estudo eram de uma escola média do condado de Raleigh. Depois - a experiência de ensino variou de um a cinco anos a mais de vinte e cinco anos. Destes participantes, a maioria serviu em salas de aula de educação geral e os restantes em salas de aula de educação especial. As perguntas da escala Likert classificavam a medida em que um participante concordava ou discordava com uma determinada pergunta ou declaração, de um por discordar fortemente a quatro por concordar fortemente.

Os tipos de educadores tecnológicos que estavam a utilizar nas suas salas de aula foram considerados semelhantes entre os participantes. Em primeiro lugar, a maioria dos educadores relatou a utilização dos iPads nas suas salas de aula. Segundo, as Apple TVs estavam a ser utilizadas pela maioria dos educadores. Terceiro, a maioria dos educadores estava a utilizar o MacBook Pro. Por último, uma pequena percentagem dos educadores relatou ter utilizado uma câmara de documentos e um projector nas suas salas de aula.

Em seguida, as opiniões dos educadores[5] variaram quanto a saber se sentiam que lhes era ministrada formação adequada para a tecnologia a ser utilizada nas suas salas de aula. Primeiro, alguns educadores relataram que achavam que não havia formação suficiente para educadores antes da implementação dos iPads nas suas salas de aula. Em segundo lugar, alguns educadores relataram que havia problemas técnicos com a implementação inicial dos iPads, o que resultou num desperdício de tempo. Além disso, a maioria dos educadores sentiu que deveria ser-lhes dada formação adequada antes da implementação de qualquer tecnologia nas salas de aula. Por último, a formação de educadores antes da emissão de tecnologia para os estudantes é uma preocupação da maioria dos educadores, indicando uma área que necessita de mais atenção.

A maioria dos educadores deste estudo sentiu que a tecnologia na sua escola estava actualizada. Além disso, a maioria dos educadores sentiu que a tecnologia podia ser adaptada para satisfazer as necessidades dos estudantes com uma pequena percentagem que discordava. Além disso, a maioria dos educadores sentiu que a tecnologia à sua disposição não estava a ser utilizada por todos os educadores.

Igualmente importante, os educadores relataram que sentiam que a tecnologia à sua disposição estava a ter um impacto positivo na aprendizagem dos estudantes. A maioria, 7% concordaram com este relatório que sentem que a tecnologia melhora a aprendizagem dos estudantes, que mais informação pode ser acedida sobre muitos tópicos online, e que quanto mais os educadores aprendem a utilizar a tecnologia, mais os estudantes podem aprender. Em contraste, alguns educadores relataram que sentiam que a tecnologia disponível para os estudantes não aumentava a sua aprendizagem e era uma distracção para alguns estudantes. No entanto, a maioria dos educadores sentiu que o benefício da tecnologia dos estudantes compensava as distracções.

Limitações

Houve apenas uma escola inquirida neste condado que criou uma limitação significativa. Além disso, este estudo obteve uma baixa taxa de rendimento nos inquéritos que criou outra limitação nos pontos de vista dos educadores. Além disso, houve mais de duas semanas de falta de aulas devido a dias de neve que tiveram impacto neste estudo de investigação.

Os pontos de vista deste estudo foram limitados como resultado de apenas uma escola no Condado de Raleigh ter sido inquirida. Assim, a percepção que os educadores têm da tecnologia pode variar em função dos condados e da tecnologia disponível para eles. Por conseguinte, seria necessário realizar mais investigação sobre este tópico.

Mais investigação

Há necessidade de mais investigação a ser feita sobre este tópico. Primeiro, mais escolas do condado precisariam de ser inquiridas. Em seguida, ao fazê-lo, poderiam ser recolhidas e analisadas mais opiniões de educadores. Além disso, outros condados deveriam ser inquiridos para ver se existem comparações. Assim, tudo isto teria de ser feito a fim de permitir um ponto de vista mais preciso por parte dos educadores relativamente à tecnologia nas suas salas de aula.

Conclusão

Em conclusão, os educadores desta sondagem têm uma perspectiva moderadamente positiva em relação à tecnologia na sua escola. Em primeiro lugar, a maioria dos educadores sentiu que a tecnologia à sua disposição tinha um impacto positivo na aprendizagem dos alunos. Por conseguinte, continuar a proporcionar formação adequada aos educadores é um passo necessário para ajudar a alcançar este resultado. Além disso, a prestação de formação suficiente aos educadores[to] antes da implementação da tecnologia nas salas de aula deve ser de grande importância. Finalmente, proporcionar aos educadores formação suficiente antes da implementação da tecnologia nas suas salas de aula resultará em que os educadores possam servir melhor as necessidades dos estudantes.

Referências

Adiguzel, T., Capraro, R. M., & Wilson, V. L. (2011). Um exame de aceitação de computadores portáteis por parte dos professores. InternationalJournal of Special Education, 26(3), 12-27.

An, Y., & Reigeluth, C. (2011). Criação de salas de aula centradas na tecnologia e na aprendizagem: Crenças, percepções, barreiras, e necessidades de apoio dos professores K-12. Journal ofDigital Learning in Teacher Education, 28(2), 54-62.

Ayas, C., Cakir, R., Ergun, M., Pamuk, S., & Yilmaz, H. (2013). A utilização de tabuleta pc e quadro interactivo na perspectiva dos professores e estudantes: educação do projecto de fé. Ciências da Educação: Teoria & Prática, 13(3), 1815-1822. doi: 10.12738/estp. 2013.3.1734

Chang, D., Chang, L., & Yeh, C. (2011). Tecnologia da informação integrada no ensino em sala de aula e seus efeitos. US-China Educational Review, B(6), 778-785.

Faulkner, R., Oakley, G., & Pegrum, M. (2013). Escolas em movimento: Um estudo sobre a adopção de tecnologias portáteis móveis nas escolas independentes da Austrália Ocidental. Australasian

Journal of Educational Technology, 29(1), 66-81.

Gu,X.,Zhu, Y. &Guo,X. (2013). Conhecendo os nativos digitais: Compreender a aceitação da tecnologia nas salas de aula. Tecnologia Educativa e Sociedade, /6(1), 392-402.

Hüseyin, H, (2014). Uma avaliação da opinião dos candidatos a professores de matemática sobre computadores tablet a serem aplicados nas escolas secundárias. The Turkish Online Journal ofEducational Technology, 75(1), 47-55.

Kajs, L., Mayo, N.,& Tanguma, J. (2005). Estudo longitudinal da formação tecnológica para preparar futuros professores. Educational Research Quarterly, 29(1), 13-15.

Kumar, S., & Vigil, K. (2011). A geração da rede como professores conservadores: Journal ofDigital Learning in Teacher Education, 27(4), 144-153.

Lam, P., & Tong, A. (2012). Dispositivos digitais em sala de aula - hesitações dos futuros professores. ElectronicJournal **ofE-Learning**, 10(4), 387-395.

Pritchett. C., Pritchett, G., & Wohleb, E. (2013). Utilização, barreiras, e formação de aplicações tecnológicas da web 2.0. Diário SRATE, 22(2), 29-38.

Wilson, E. & Wright, V. (2011). O uso da tecnologia pelo professor: Lições aprendidas desde o programa de formação de professores até à sala de aula. SRATEJournal, 20(2), 48-60.

Apêndice

TECNOLOGIA NO INQUÉRITO EM SALA DE AULA

INFORMAÇÃO DEMOGRÁFICA

Para cada um dos seguintes itens, coloque um X ao lado da escolha que melhor o descreve.

1. Género: Masculino Feminino
2. Total de anos de ensino: 1-5 6-1011-15... 16-20 21-25 mais de 25
3. Departamento (por favor especifique)

CHECKLIST

Abaixo encontra-se uma lista da tecnologia que é investigada neste estudo. Coloque um cheque em frente de cada recurso que está à sua disposição para utilizar na sua sala de aula.

1. iPads
2. Comprimidos

3. Apple TV
4. Telefones inteligentes
5. MacBookPro
6. Outros (por favor especifique)

LIKERT

Seguem-se algumas afirmações que descrevem a tecnologia deste estudo. Leia cada declaração e faça um círculo, quer concorde fortemente (SA), concorde (A), discorde (D), ou discorde fortemente (SD), com a forma como a declaração descreve a sua escola.

10	The technology is up to date	SA	A	D	SD
11	I have received adequate training to use the technology	SA	A	D	SD
12	The technology can be adapted to meet student needs	SA	A	D	SD
13	Do you feel the technology is used by all teachers	SA	A	D	SD
14	The technology available to students distracts them	SA	A	D	SD
15	The benefit of student technology outweighs the distraction	SA	A	D	SD

POR FAVOR, VIRE-SE PARA COMPLETAR A PÁGINA 2 DO INQUÉRITO

RESPOSTA GRÁTIS

16. Sente que a tecnologia à sua disposição está a ter um impacto positivo na aprendizagem dos estudantes?

YESNO

17. Sente que a tecnologia disponível para ESTUDANTES está a aumentar a sua aprendizagem?

YESNO

18. Escreva uma breve declaração explicando porque se sente como se sente em relação ao número 16 e

17?

____

____

____

____

19. Por favor, faça quaisquer comentários adicionais que tenha sobre este tópico.

____

____

____

____

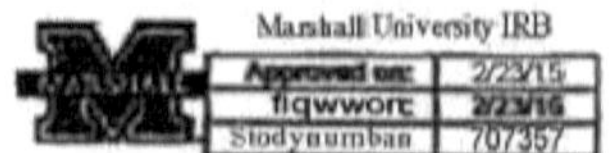

Consentimento de inquérito anónimo

Está convidado a participar num projecto de investigação intitulado "Atitudes face à Tecnologia", concebido para analisar as atitudes dos professores em relação à tecnologia nas suas salas de aula. O estudo está a ser conduzido por Lori Howard Ph. D. e Grace Stover/Studentfrom da Universidade Marshall. A investigação Hus está a ser conduzida como parte dos requisitos da CISP 615 para Grace Stover.

Este inquérito é composto por um breve formulário de questionário a ser preenchido pelos professores. Este formulário levará apenas alguns minutos a preencher. As suas respostas serão anónimas, por isso não coloque o seu nome em lado nenhum no formulário. Não há riscos conhecidos que envolvam a esposa neste estudo. A participação é completamente voluntária e não haverá penalização ou perda de benefícios se optar por não participar neste estudo de investigação ou por se retirar. Se optar por não participar, pode devolver o estudo em branco ou pode descartá-lo. Pode optar por não responder a qualquer pergunta, deixando-o simplesmente em branco. A devolução do estudo no envelope branco selado ao Gabinete de Educação Especial indica a sua utilização consensual das respostas que fornece. Se tiver quaisquer perguntas sobre o estudo, pode contactar Lori Howard Ph.D.at614-725-2943,ouGrace Stover, investigadora estudantil pelo telefone 304-228-2570.

Se tiver quaisquer questões relativas aos seus direitos como participante de investigação, pode contactar o Gabinete Universitário de Integridade da Investigação pelo telefone (304) 696-4303.

Ao completar este inquérito e devolvê-lo está também a confirmar que tem 18 anos de idade ou mais.

Por favor, guarde esta página para os seus registos. Obrigado pelo seu tempo e ajuda com este projecto.

Apêndice 2

Inquérito de Tecnologia Educacional de Aula de Tecnologia

O Inquérito de Tecnologia Educacional foi administrado ao corpo docente no Outono de 2004. O objectivo do inquérito era avaliar o nível de integração tecnológica no ensino em sala de aula e solicitar feedback sobre os tipos de formação e apoio que ajudariam o corpo docente a utilizar as tecnologias de

forma mais eficaz.

Número de entradas = 60

1. Que tecnologias de sala de aula (computador, projector, quadro inteligente, câmara de documentos, DVD/VCR) utilizou no seu ensino?

computador, projector. -anónimo

computador, projector, DVD/VCR

(gostaria de usar a câmara de documentos, mas não consigo perceber bem) - anónimo

computador, projector, quadro inteligente (algumas vezes), câmara de documentos (uma vez) -anónima

Computador e projector para apresentações Powerpoint, instalação de VCR para filmes -anónimo

computador, projector, câmara de documentos, DVD e VCR-anónimo

Computador, DVD, VCR-anónimo

computador, quadro inteligente, projector, dvd, vcr-anónimo

todas as anteriores, mas não sabem o que é uma câmara de documentos. Também utilizaram um retroprojector e transparências. Nunca estive numa sala de aula c/ um quadro inteligente, por isso nunca usei.

Computador, projector, smartboard, câmara fotográfica de documentos

computador, projector, VCR-ptuck1@uis.edu

câmara de documentos, VCR, Projector. Quando a placa inteligente foi demonstrada no último Outono, parecia divertida, mas o facto é que é incómoda de usar e ir e vir com outras tecnologias e eu nunca a ligo.

Ensino online agora, no entanto, na sala de aula utilizava rotineiramente computador e projector - computador anónimo, DVD, Projector, Smart Board

Ainda não explorei a câmara de documentos, mas prevejo que será útil para mim no classroom.-jrose2@uis.edu

computador, projector, dvd/vcr, e eu usaria um quadro branco ocasionalmente se estivesse disponível. computador, dvd/vcr, projector

computador, projector, câmara de documentos - anónima

Projector de computador

Câmara de documentos DVD-anónimo

computador, DVD/VCR, projector-anónimo

computador, projector, quadro inteligente, câmara de documentos, DVD/VCR-anónimo

computador, projector, DVD/VCR-anónimo

computador, projector, DVD/VCR-anónimo

Computador, projector, smartboard (nenhuma câmara de documentos está disponível. nas minhas salas de aula) - computador anónimo, projector, câmara de documentos/projector de transparências, DVD/VCR-anónimo

computador, projector, quadro inteligente, VCR-anónimo

computador, projector, DVD/VCR, projector de 16 mm; 33 1/3 leitor de discos estéreo; gravador - computador anónimo, projector, dvd/vcr-anónimo

computador, projector, quadro inteligente, DVD/VCR-anónimo

Documento camera-anónimo

projector, smart board-anónimo

computador, projector-anónimo

A classe Lar 423 utilizou o computador e o ecrã nas suas negociações contratuais. Foi uma forma muito eficaz para ambas as partes e o instrutor acompanharem o que foi acordado e as disposições contratuais que permaneciam em cima da mesa. - anónimo

Computador, projector, quadro inteligente, câmara de documentos, e DVD/VCR. -anónimo

Já usei tudo pelo menos uma vez, e uso o PC/projector mais vezes do que não. - ckema2@uis.edu computador, projector, dvd/vcr Computador, projector, VCR (também a Internet) dglosser

computador, projector, videocassete, sobrecarga (não há doc cam nas minhas salas de aula)

Todos os anteriores, excepto o quadro inteligente Rande1@uis.edu

computador, projector, VCR kerins.thomas@uis.com

computador, placa inteligente, DVD/VCR ddawa1@uis.edu

computador com câmara de documentos, projector, DVD, computador VCR com projector.

Computador e projector-anónimo

computador, projector, DVD/VCR-anónimo

computador, projector dvd/vcr-anónimo

Utilizei o computador, projector, câmara de documentos, vcr/dvd. Gostaria de utilizar o quadro inteligente, mas também gostaria de poder capturar e salvar o nosso trabalho com o quadro inteligente, mas os meus pedidos para que o programa fosse instalado através do vosso escritório no meu computador foram ignorados. - anónimo

computador, projector, quadro inteligente, VCR-anónimo

computador & projector

dvd/vcr-anonymous

Computador, projector, dvd/vcr-anónimo

Computador, Projector, placa inteligente, câmara fotográfica de documentos - anónimo

Todos, mas mais recentemente, principalmente computer.- ctchpole.mattilou@uis.edu

computador, projector, quadro inteligente

computador

UH 2008-alohr1@uis.edu

computador, projector, dvd/vcr, memória USB

computador, projector, quadro inteligente

Normalmente utilizo o computador e o projector e MUITO quadro branco.

vcr; gravador vcr

DVD/VCR

todos os anteriores, excepto o quadro inteligente

2. Que tecnologias e serviços adicionais responderiam mais plenamente às suas necessidades pedagógicas?

Sinto que o que eu uso e o que posso usar, ou seja, a câmara de documentos, está bem.

Quando tentei aceder ao projector em UH 2031, em 15/11/04, o equipamento estava em falta ou o carrinho inteligente avariado.

As portas USB em alguns dos computadores são de difícil acesso. Seria possível obter cabos que permitissem um acesso mais fácil?

O acesso rápido às bases de dados da Brookens seria útil em algumas discussões de classe.

Prefiro Apresentações a PowerPoint, mas acho que não posso ter tudo, não é? - anónimo

Até agora, tudo bem. Gosto da ideia de deixar os alunos votarem nas coisas durante as aulas. Isso soa a diversão -anónimo

O acesso de estudantes/faculdades a computadores com ligações em linha permitiria capacidades de investigação em sala de aula e assim melhorar os resultados de aprendizagem.

Com formação adicional, gostaria de incorporar o Quadro Negro nas minhas metodologias de ensino.

-anónimo

Eu gostaria de saber mais sobre as capacidades do instrutor de formação em sala de aula do smartboard-urante não tinha a certeza se os itens poderiam ser guardados como Adobe para visualização dos alunos...se apenas disponíveis como Webster, não muito útil uma vez que nem todos têm o software. -anónimo

satélite para ver programas franceses e televisão-anónimos

nenhum neste momento-anónimo

Melhor acesso ao equipamento de preparação. Preciso de um acesso mais fácil ao scanner para a introdução de documentos, impressora para transparências. Preciso de um acesso mais fácil para aprender Blackboard e Powerpoint...existe alguma formação online disponível porque em pessoa sempre esteve em alturas de conflito.

Gostaria de ver software como "Net Ops" a funcionar com sucesso nos computadores portáteis sem fios.

inteligente board-ptuck1@uis.edu

projector de diapositivos e mesa/cartão para o manter - anónimo

As sessões de formação não foram agendadas tendo em mente os professores adjuntos. Felizmente, ainda havia um livreto instrucional na sala de aula. Foi inestimável para mim.

Vejo programas de software (como o NetOp) no meu ambiente de trabalho com os quais não estou completamente familiarizado. Alguns destes programas podem ser-me úteis. Podem ser disponibilizados folhetos instrucionais para aqueles como well?-jrose2@uis.edu

capacidade de conferência de áudio/vídeo on-line na sala de aula

dvd/vcr nas salas de conferências no Salão da Universidade

Nenhum que me ocorra neste momento. -anónimo

Direitos administrativos para os logons dos estudantes nas aulas.

Graças a Roger há um genérico para usar na demonstração da aula para usar o Windows, mas por vezes no meio do ensino de outra coisa (Word, Excel, etc), seria bom olhar para o Painel de Controlo, ou mesmo para o Calendário/lock sem ter de fazer logoff como o aluno e entrar novamente com o logon genérico. -anónimo

Estou feliz-anónimo

Mais scanners, e gravadores de DVD - anónimos

controlo remoto para o projector, pódio longe do computador e outros equipamentos -anónimo

Não consigo pensar em nenhum. -anónimo

Disponibilidade consistente de todas estas tecnologias em todas as salas de aula do campus.

BIGGEST é a disponibilidade universal para trazer computadores portáteis para se integrarem com estas características. A maioria (mas não todos) pode integrar-se em computadores portáteis). Também têm acesso ethernet, e porta de áudio nas estações de trabalho.

Tenho software e configurações que quero utilizar, e não espero que estes sejam suportados num computador geral de sala de aula. A flexibilidade para o fazer é importante. Uma alternativa seria o suporte activo de 'remoting' para uma máquina de utilizador. Permitir vistas das máquinas Sun, Apple, Linux, e Custom windows seria útil.

Ratos ópticos, e actualizações de teclado. Apontar com os ratos é geralmente pobre, uma vez que estes tendem a receber lixo no mecanismo. Os ratos ópticos tendem a ter um comportamento muito melhor em ambientes de ensino não controlados. Os teclados tendem a ter encravamentos de teclas pela mesma razão. Ter uma política de substituição de teclado (cerca de 18 meses) tenderia a ajudar. Metade dos computadores em PAC 493 têm problemas de teclado -anónimo

NA-anónimo

-anónimo

Seria bom ter acesso a um gira-discos sem ter obstáculos para saltar para o obter. Seria bom ter os botões de ligar/desligar para a parte superior acessível por pessoas baixas como eu (especialmente quando as baterias do aparelho de mão estão mortas ou alguém o colocou no lugar errado para que não esteja disponível). O maior problema tecnológico agora é as luzes da sala de aula ou a falta delas (problema de detecção de movimento durante os exames e tomada de notas quando se mostra um vídeo). Gostaria de poder ligar o meu portátil sem problemas e projectar a partir daí para o ecrã.

-anónimo

os que temos parecem bons-anónimos

quadro negro normal e um conferencista-anónimo

ter sessões de chat de voz online para as minhas aulas online -anónimo

rato sem fios seria útil e um ponteiro para apontar o Ecrã enquanto faz apresentações.

-anónimo

Formar os instrutores incluindo /Instrutores Adjuntos como utilizar o equipamento. -anónimo

Ter a colecção de vídeos da biblioteca recuperável via computador para exibir na aula a pedido seria bom -anónimo

As cadeiras e mesas poderiam ser mais portáteis - é um desafio fazer pequenos grupos.

-ckema2@uis.edu

-dglosser

-Rande1@uis.edu

documento camera-kerins.thomas@uis.com

-ddawa1@uis.edu

Não são necessárias coisas adicionais neste momento

Computador com projector, placas inteligentes, câmara de documentos, DVD/VCR, fitas de áudio.

Quadro inteligente, câmara de documentos e DVD/VCR-anónimo

-anónimo

quadro inteligente, câmara de vídeo de documentos anónimos

Gostaria de poder sondar os estudantes sobre questões durante o debate com a participação em tecnologia ou afins. Onde poderiam manter o controlo remoto e responder a questões de compreensão e interagir mais com a tecnologia real durante o discurso -anónimo

1) cotação e gráficos do mercado financeiro em tempo real

2) LAN dentro da sala de aula para que o instrutor possa monitorizar os alunos em sala de aula

exercícios (no computador) -anónimos

Ser capaz de reproduzir vídeo online a partir do CSPAN com uma entrada de boa qualidade em todas as salas de aula

-anónimo

-anónimo

-anónimo

Um computador melhor, mas sei que essa não é a sua função. Preciso, ou quero ser capaz de fazer CD para uma aula, mas não vou esperar para começar uma nova técnica depois da aula ter começado. Além disso, ter as nossas linhas de computadores universitários para se manterem em linha. Ver below-ctchpole.mattilou@uis.edu

A tecnologia está lá. Ainda tive problemas de serviço este semestre desde que o software que foi originalmente instalado foi removido e depois reinstalado no ambiente de trabalho ou os cabos foram ligados incorrectamente, etc. Esperemos que estes problemas não voltem a surgir no futuro.

Necessidade PA system-alohr1@uis.edu

Usaria a maravilhosa câmara de documentos se eu tivesse uma sala de aula em UHB! Provavelmente tentaria o quadro inteligente, também, para gravar temas de discussão, algo que eu gosto de fazer no quadro negro. De momento, não consigo pensar em mais nenhum.

Controlo remoto que faria avançar os diapositivos Powerpoint - Actualmente tenho de ir para o teclado para avançar os diapositivos.

Nenhum neste momento. Estou contente com a forma como ensino.

Uma das razões pelas quais não desenvolvi power point e outros usos do computador é que frequentemente ensino em salas de aula que não são "inteligentes". Isto não está listado como uma opção abaixo.

Fui à sessão antes do início do semestre de Outono e praticamente consegui o que precisava. Sou professor de literatura e, como tal, estou muito bem concentrado no texto escrito.

Os quadros pretos parecem funcionar melhor do que os quadros brancos em todas as salas - os marcadores estão sempre ausentes ou sem tinta e muito sujos para limpar. Este pode ser um caso de alta tecnologia quando a baixa tecnologia era melhor.

3. **Quais dos seguintes obstáculos enfrentou para integrar as tecnologias de sala de aula no seu ensino? (por favor, verifique todos os que se aplicam)**

Falta de formação 20% (12/60)

Falta de competências necessárias 18,3% (11/60)

Falta de apoio técnico atempado 6,66% (4/60)

Falta de tempo 28,33% (17/60)

Não se encaixa na minha filosofia de ensino 1,66% (1/60)

Não estou convencido de que melhoraria a aprendizagem dos estudantes 8,33% (5/60)

Equipamento e/ou software em mau funcionamento 36,66% (22/60)

4. **Que tipos de formação e apoio lhe seriam úteis para utilizar a tecnologia de forma mais eficaz no seu ensino em sala de aula?**

Sessão individual sobre hardware e software utilizados nas salas de aula 36,66% (22/60) Workshops de hardware e software utilizados nas salas de aula 28,33% (17/60)

Demonstrações entre pares de como as tecnologias são utilizadas para melhorar o ensino e a aprendizagem 36,66% (22/60) Documentação sobre tecnologias de sala de aula 31,66% (19/60)

5. **Quando participaria muito provavelmente em seminários e sessões de formação oferecidos pela Tecnologia Educativa (dia da semana, hora do dia, durante ou antes do início do semestre)?**

Quinta ou sexta-feira-anónimo

Final da tarde ou início da noite nos dias de semana -anónimo antes do início do semestre, antes das 15h. -anónimo

Normalmente, as tardes de terça-feira funcionam melhor para mim, durante o semestre -anónimo

Após a correria do início do semestre e não durante o final do semestre quando se tenta obter notas em. -anónimo

antes do início do semestre-anónimo

qualquer dia - tarde - anónimo

Quase impossível de dizer porque cada vez que vi um que queria assistir, tive um conflito e quando não tinha conflito, não era um conflito em que estivesse interessado ou a um nível em que estivesse. Talvez oportunidades de me inscrever para participar em sessões individuais em várias ocasiões.

Manhãs de sexta-feira, durante o semestre.

às quartas ou quintas-feiras, a qualquer hora no semester.-ptuck1@uis.edu

quase sempre fora da hora de aula e da hora de almoço

Trabalhar a tempo inteiro (mais do que a tempo inteiro), pelo que os workshops de formação são muito baixos na minha lista. -anónimo

As noites de um dia da semana, particularmente ENTRE Aulas nocturnas, em que o adjunto teria mais probabilidades de poder assistir, seriam excelentes. Penso que a maioria dos adjuntos poderiam libertar-se alguns minutos antes do final de uma aula das 18 horas e uma sessão de 15-20 minutos para UMA das tecnologias (projector, por exemplo) seria provavelmente mais do que tempo suficiente. Uma sessão sobre uma tecnologia diferente poderia ser realizada todas as semanas. Os docentes poderiam escolher as tecnologias que lhes interessassem e assistir apenas a essas sessões. Breve, focalizada, ao ponto e ocorrendo imediatamente antes ou depois de uma aula, já lá se encontram para teach.-jrose2@uis.edu

a minha agenda muda de dia para dia. oferecer cada sessão várias vezes ao longo da semana, durante o dia.

Segundas ou quartas-feiras, entre as 10:00h e as 15:00h - anónimo

Noites a partir das 5:30 entre os semestres-anónimos

Início do semestre, manhãs-anónimo

Sexta-feira-anónimo

Segundas e sextas-feiras, AM; início do semestre-anónimo

Entre o início de um semestre e o meio do semestre - anónimo

A melhor maneira -- fizemos isto da última vez dentro do departamento (e com matemática). Fizemos a formação e brincámos informalmente com ela alguns dias para ver como funcionaria para nós. O tempo foi eficaz, e concentrámo-nos nos nossos problemas. Também pegámos o suficiente para encontrar questões mais tarde no processo que também resolvemos.

Foi rápido, eficaz, e orientado para as nossas necessidades. A única peça que faltava era uma sessão de acompanhamento onde podíamos fazer perguntas mais informadas.

Dê-nos alguma informação, vamos jogar alguns dias a experimentar as tecnologias, e encontramo-nos de novo para fazer quaisquer perguntas relevantes. Mais fácil para si e mais eficaz para nós. -anónimo

início do semestre, sexta-feira à tarde - anónimo

Antes do início dos semestres - anónimo

O meu horário varia de semana para semana, pelo que depende do dia específico da semana e da hora do dia. Este tipo de programação de cobertores não funciona muito bem. Porque não colocar a informação num vídeo interactivo ou numa apresentação em powerpoint e permitir-me aceder a ela e executá-la durante o tempo que escolher? -anónimo

Sexta-feira de manhã durante o semestre-anónimo

Segunda-feira - quinta-feira à tarde - anónimo

-anónimo

As manhãs de sexta-feira durante o início do semestre funcionam melhor para mim -anónimo

Sessão separada para Faculdade Adjunta é muito útil, uma vez que não se encontram no campus durante o dia.

Noites das 16:30h às 17:45h seria bom -anónimo

Noites em que não dou aulas ou Sábado a meio da manhã -anónimo

Antes do início do semestre, a maioria das tardes -anónimo

Tarde, no início do semestre, com sessões de reciclagem oferecidas ao longo do semestre. Oferecem também formações/workshops que dão aos alunos a oportunidade de praticar durante a formação.

-ckema2@uis.edu -dglosser Sexta-feira Durante os meses de Verão-Randel @uis.edu

qualquer morning-kerins.thomas@uis.com

qualquer time-ddawa1@uis.edu

tardes noites que não ensino, sábado a meio da manhã. Tardes tardias, particularmente para faculdades adjuntas -anónimas

-dias de semana anónimas, de manhã ou à tarde -anónimas

Antes do início do semestre -anónimo

antes do início do semestre-anónimo

Antes dos semestres ou às sextas-feiras à tarde durante o semestre - anónimo

qualquer dia, de manhã, antes do início do semestre-anónimo

-anónimo Antes do início do semestre, ou no final do semestre anterior. Eu gosto de ter o meu material trabalhado antes do início de um semestre. Quero saber como fazê-lo, e ter o equipamento para colocar muito material de classe em CD's-ctchpole.mattilou@uis.edu

Dez. ou Jan.-alohr1@uis.edu

Pensei que os workshops e a documentação sobre as novas salas de aula inteligentes UHB eram eficazes. Encontrei muito bom apoio técnico e equipamento aqui na UIS, e não enfrentei grandes obstáculos na minha própria utilização das tecnologias de sala de aula. Não tenciono expandir a minha utilização das tecnologias actualmente, porque penso que o que estou a fazer agora funciona bem; penso que a aprendizagem dos alunos é muitas vezes melhor servida por técnicas muito simples como a discussão, escrita com feedback, e gravação de temas de discussão.

Segunda-feira - Quinta-feira à tarde

Até poder ter a certeza de que terei o equipamento disponível

nem sempre às sextas-feiras, pois aqueles de nós que prestam serviço universitário não podem participar. tardes durante a semana seriam muito melhores.

6. Como avaliaria e/ou sugeriria melhorias na concepção física dos espaços de aulas em UHB para apoiar as suas necessidades educativas?

Os quartos são óptimos. Eu não mudaria nada. -anónimo

Gosto muito das novas salas de aula. -anónimo

As minhas aulas são tipicamente realizadas em Brookens ou PAC. Não utilizei UHB e, por conseguinte, não posso dar feedback. -anónimo

Os alunos sentados no limite da sala de aula têm a visão do ecrã obstruída pelo monitor de computador... --mas é a sua escolha. Gostava que o ecrã fosse controlado electronicamente....sobretudo muito satisfeito com as novas salas de aula em UHB. Tive alguns problemas no início e o computador teve de ser reimaginado - -erasing tudo o que tinha no sistema. Também... quando todos entrarem no Active Directory???? Os estudantes não podem aceder à sua informação se eu estiver ligado ao AD mas ainda não estão em AD....Overall, muito satisfeitos com o apoio às novas salas de aula!

-anónimo

a minha queixa não é com a tecnologia - mas com as tarefas do quarto. Se precisarmos e utilizarmos a tecnologia, devemos poder ser designados para "salas de aula inteligentes". Além disso, se o equipamento funcionar mal, é útil ter o apoio do pessoal dos serviços técnicos. Sempre achei o pessoal técnico muito útil. -anónimo

Não tenho aulas em UHB

Mais laboratórios informáticos disponíveis.

Mais espaço horizontal nas secretárias dos computadores em UHB 2030 - essas são terríveis.

Mesas mais leves para permitir discussões de grupo no classroom-ptuck1@uis.edu

Precisa de mesa, cadeira e conferencista para instrutor em cada sala de aula-anónimo

O RELÓGIO!! Os meus alunos observam o relógio na frente da sala de aula e dado que estou de frente para os meus alunos, as minhas costas estão viradas para ele. Gostaria que os relógios fossem movidos para o fundo da sala de aula (onde o corpo docente os possa ver para os ajudar a ritmar correctamente as suas aulas). Penso que é mais importante para o corpo docente saber as horas do que para os alunos assistirem a elas. Opcionalmente, poderia ser colocado ao lado da sala de aula para que todos o vissem.

-jrose2@uis.edu

mesas e cadeiras móveis

Sugiro que as instruções sobre como utilizar o equipamento sejam deixadas por computadores/dvd/smartboards e câmaras de documentos - laminadas.

Só ensino em UHB 1006, mas existe um conjunto inteiro de quadros brancos que é essencialmente inutilizável porque está bloqueado por carteiras/tabelas de estudantes. Tento evitar escrever no ecrã do quadro inteligente com os marcadores do quadro branco, uma vez que o ecrã não se limpa facilmente. Um dos quadros brancos na parte da frente da sala de aula está também na sua maioria bloqueado pelo carrinho de equipamento. No que diz respeito ao equipamento, não tive problemas e considerei-o muito útil. Os painéis Crestron são muito cómodos, anónimos

Em HRB2028, a vista dos estudantes é bloqueada pela estação de instrutores quando os estudantes se sentam no lado esquerdo da sala, de frente para as janelas. Sugere-se uma mesa de instrutor mais baixa com vista para o monitor e todos os periféricos montados de lado - possivelmente atrás do poste ou no poste. Para a secretária inferior: http://www.modernhomeoffice.com/downviewseries1.html (retirar o suporte da impressora/armazém)

Gosto de ter dois monitores para o TeachOp e aprecio o Albert e a Pam por terem tomado conta do que aconteceu.

Como não há outro lugar para dizer isto, agradeço a ajuda que Roger, Pam, Albert, Bob e o trabalhador nocturno (não consigo pensar no seu nome - alto, loiro...)me dão e por o fornecer tão rapidamente! -anónimo

Sou um feliz campista (mas também me vou reformar no final do ano) -anónimo

Oh, por favor não me faça começar - anónimo

É necessário que haja outro pódio separado do equipamento, com um comando que permita ao membro da faculdade andar por aí. Os stands de equipamento são demasiado grandes para serem utilizados como pódios e há demasiado equipamento entre o instrutor e os estudantes -anónimo.

Sem sugestões - anónimo

Apenas aqueles que utilizam a tecnologia têm o primeiro acesso a estas salas de aula. Muitas das novas salas de aula são marcadas como um simples quadro negro (com a sua limpeza para manter as marcas no mínimo). O cuidado e a utilização impedem a utilização por outros. (IE. ACESSO)

Para laboratórios de informática, ter monitorização da estação é útil para testes em classe -anónimo

-anónimo

Estas salas de aula são uma grande melhoria em relação à maioria das nossas salas de aula. Ainda não encontrei nada que constitua uma barreira a uma educação eficaz -anónimo

Um quadro negro/quadro branco tem de ser contínuo para fazer fluir um gráfico - sem interrupções físicas e de painel que têm agora em várias salas. Preciso de ter janelas que se abram quando os marcadores mágicos são usados, porque cheiram mal e me dão dores de cabeça ao usá-los. Preciso de ter uma mesa disponível a todo o momento e uma mesa para os colocar. Preciso de ter cadeiras de instrutor que tenham altura regular e não bancos altos - pessoas baixas acham-nas desconfortáveis - e pessoas baixas que usam saias acham-nas um problema. Gosto de vaguear quando dou aulas, mas o vaguear tem de ser numa área pequena - por isso o equipamento tem de estar acessível para mim de frente para a turma - e não posicionado, por isso se o utilizar estou virtualmente trancado atrás de uma secretária e sou forçado a escolher entre usar o equipamento ou falar directamente com a turma. Também quero ver as portas para ver para onde os alunos estão a olhar e quando os alunos entram ou saem durante a aula, ou seja, o equipamento precisa de ser posicionado de forma apropriada. Finalmente, quero todos os olhos na minha direcção quando falo - por isso o pódio e os quadros, equipamento para vídeo, etc., precisam de estar na extremidade curta de uma sala longa e não na horizontal -anónima.

estão bem. as tabelas na frente são um grande improviso-anónimo

Tive grande sucesso com toda a tecnologia nas salas de aula (grandes e pequenas). Sem qualquer problema. -anónimo

-anónimo

O desenho actual parece apropriado -anónimo

Os ecrãs dos projectores de computador são demasiado baixos. Deveriam ter sido montados mais perto do tecto. Algumas das informações dos diapositivos não podem ser vistas para as pessoas sentadas na parte de trás -anónimo

Não compreendo a pergunta. O espaço da sala de aula está lotado na sala designada. -anónimo

Retire os relógios ou desloque-os para o fundo da sala - são muito perturbadores. Um outro inconveniente é o comprimento das cordas nos ecrãs de puxar para baixo - penduram frequentemente no meio das projecções no quadro inteligente. Caso contrário, as salas parecem adequadas.

-anónimo

1. Ser capaz de activar o stylus do quadro inteligente a partir de outro lugar que não seja o topo do quadro; também, os manuais precisam de mais detalhes, por exemplo, como guardar e transferir um instantâneo para um documento word ou ppt, e uma secção de resolução de problemas.
2. Tornar a mobilidade nos ecrãs electrónica - o cordão de pendurar distrai e, por vezes, é difícil

para reach.-ckema2@uis.edu

relógio de parede

secretária para o instrutor

Achei a sala de aula inteligente como um excelente recurso e o pessoal técnico foi muito útil.

não ensinar em UHB

Eles são fine.-Rande1@uis.edu

-kerins.thomas@uis.com

-ddawa1@uis.edu

Estou muito satisfeito com os recursos disponíveis. Eles funcionam muito bem e tenho tido um feedback muito positivo dos alunos sobre os usos da tecnologia para as suas apresentações e palestras diárias que apresento. Continuem o bom trabalho.

Penso que as necessidades de cada curso e faculdade devem ser avaliadas primeiro antes de uma sala inteligente ser atribuída a um determinado curso ou faculdade. Será muito útil fazer uma avaliação da utilização destas ferramentas, particularmente em UHB. Quando estava a ensinar estatísticas empresariais, costumava ter dificuldade em encontrar um laboratório de informática para o semestre. Eventualmente, consegui o laboratório e maximizei a sua utilização. É crítico que um conjunto de normas seja desenvolvido e rigorosamente seguido. Pode fazer um estudo piloto para desenvolver os padrões -anónimo.

-anónimo não tem acesso -anónimo

Comprei um rato sem fios para o meu uso. Não estou satisfeito com a apresentação de material no formato de sala de aula inteligente e depois ter de ser alugado à consola. Gosto de estar fora, onde a aprendizagem e a aprendizagem se realizam, em vez de me esconder atrás de algum controlo mestre. -anónimo

Mais PCs de rede disponíveis - anónimo

Os espaços das salas de aula são óptimos. A acústica é boa na sala grande (2008). O maior problema é que ambos os projectores não podem ser contados para trabalhar regularmente. Cerca de metade das vezes, um projector não recebe a imagem do computador. Chega assistência técnica e também não conseguem pô-la a funcionar. -anónimo

sem sugestões - anónimo

-anónimo

-ctchpole.mattilou@uis.edu

As instalações são óptimas, pois are.-alohr1@uis.edu

não sabe dizer, não ensinou neste edifício.

Penso que as novas salas de aula são óptimas

A cadeira rolante é TOO HIGH (mesmo depois de a baixar até ao fim) e não tem pausas ou de algum modo para a moer da sua deslocação.

salas de aula "inteligentes" por todo o lado.

Alguns acordos de discussão seriam bons para classes mais pequenas com acesso à projecção de DVD/VCR.

reconstruí-la com salas de aula decentes que não presumem uma e apenas um tipo de pedagogia - a palestra, que a investigação mostra ser uma das piores formas de os alunos aprenderem realmente qualquer coisa. e precisamos de mais salas que acomodem 20-30 alunos.... depois de construírem isso, podemos falar de tecnologia de compreensão e interagir mais com a tecnologia real durante o discurso. -anónimo

yes

I want morebooks!

Buy your books fast and straightforward online - at one of world's fastest growing online book stores! Environmentally sound due to Print-on-Demand technologies.

Buy your books online at
www.morebooks.shop

Compre os seus livros mais rápido e diretamente na internet, em uma das livrarias on-line com o maior crescimento no mundo! Produção que protege o meio ambiente através das tecnologias de impressão sob demanda.

Compre os seus livros on-line em
www.morebooks.shop

info@omniscriptum.com
www.omniscriptum.com

Printed by Books on Demand GmbH, Norderstedt / Germany